Made in the USA
Middletown, DE
30 August 2024

60051174R00062